Impressum:

Copyright © 2014 GRIN Verlag, Open Publishing GmbH
Druck und Bindung: Books on Demand GmbH, Norderstedt Germany
ISBN: 9783668468306

Dieses Buch bei GRIN:

http://www.grin.com/de/e-book/367642/umformen-in-der-automobilbranche-
untersuchung-des-formhaertens-sowie-vor

Dominik Enderle

Umformen in der Automobilbranche. Untersuchung des Formhärtens sowie Vor- und Nachteile des Verfahrens

GRIN Verlag

HTW-Aalen

Übungsbericht: Begleitveranstaltung zum Praxissemester

Umformen von hoch- und höchstfesten Blechen im Automobilbau

Dominik Enderle
28.4.2014

Kurzfassung

Die vorliegende Arbeit behandelt das Umformen von hoch- und höchstfesten Blechen im Automobilbau. Dabei wird das Thema des Formhärtens aufgegriffen, das im Laufe der letzten Jahre zunehmend an Bedeutung gewonnen hat. Das kommt daher, dass man versucht Gewicht einzusparen ohne sicherheitstechnische Aspekte zu vernachlässigen. Außerdem sollten das Verfahren und die verwendeten Materialen möglichst kostengünstig sein, da die Stückzahlen im Automobilbau sehr hoch sind. Ein Verfahren, mit dem diese Aspekte in Hinblick auf die Blechumformung größtenteils eingehalten werden können, ist das Formhärten. In diesem Bericht wird deshalb auf dieses Verfahren, die Materialen und den daraus folgenden Nutzen genauer eingegangen.

Abstract

This technical report deals with the forming of high strength laminations in the automotive engineering but especially the subject form hardening, which has became more and more importance in the last years. Form hardening is very important, because you can reduce weight without disregard the safety issues. Furthermore the procedure and the material has to be value for money as possible. That's why there are a lot of numbers of items in the automotive engineering. This paper shows the procedure of form hardening and also the materials and the benefit of it.

Inhaltsverzeichnis

1. Einleitung

Mobilität ist mittlerweile ein Grundbedürfnis der Menschheit. Schon in der Bronzezeit konnten die Menschen die Mobilität für sich nutzen und bauten verschiedene Gehängevorrichtungen um verschiedene Tiere als Transportmittel zu nutzen. Durch die wachsende Weltbevölkerung und den somit steigenden Wohlstand entsteht ein kontinuierlich steigender Bedarf an mehr Mobilitätsleistungen. In der heutigen Zeit sollten Fahrzeuge verschiedener Ansprüche und Aspekte erfüllen, die gleichzeitig neue und spannende Fertigungsverfahren mit sich bringen.

Im Rahmen dieses Berichtes soll auf das Umformen von hoch- und höchstfesten Blechen im Automobilbau eingegangen werden. Dabei wird das Thema des Formhärtens aufgegriffen, das im Laufe der letzten Jahre zunehmend an Bedeutung gewonnen hat. Das kommt einerseits von den zunehmend wichtigeren Anforderungen an den Umweltschutz, andererseits jedoch auch von den steigenden Sicherheitsansprüchen und den Entwicklungen, die den Komfort beim Autofahren verbessern. Das Problem dabei ist, dass sich in Bezug auf ein umweltfreundlicheres Fahren, das zugleich sicherer und komfortabler sein sollte, die Argumente widersprechen. Neben der Verbesserung der Antriebstechnik im Automobilbau wurde nach Möglichkeiten gesucht, Gewicht einzusparen ohne sicherheitstechnische Aspekte zu vernachlässigen. Außerdem sollten das Verfahren und die verwendeten Materialen möglichst kostengünstig sein, da die Stückzahlen im Automobilbau sehr hoch sind. Ein Verfahren, mit dem diese Aspekte in Hinblick auf die Blechumformung größtenteils eingehalten werden können, ist das Formhärten. In diesem Bericht wird deshalb auf dieses Verfahren, die Materialen und den daraus folgenden Nutzen genauer eingegangen.

2. Formhärten

2.1. Das Verfahren

Die Prozesskette (siehe Abbildung 1) beim Formhärten beginnt mit dem Zuschneiden der Platinen, die aus einem manganborlegierten Vergütungsstahl bestehen. Nun wird zwischen direktem und indirektem Prozess unterschieden. Bei der indirekten Prozessführung erfolgt zuerst eine Vorumformung, welche bei der direkten entfällt. Die Vorumformung ermöglicht einen größeren Umformgrad. Die zugeschnittenen Blechplatinen bzw. vorumgeformten Blechteile werden anschließend auf die Austenitisierungstemperatur von 950°C in einem Ofen erwärmt. Dazu wird meist ein Rollenherdofen verwendet, in dem eine Schutzgasatmosphäre herrscht. Mit einem Förder- oder Handlingsystem werden die erwärmten Platinen innerhalb weniger Sekunden an den darauf folgenden Prozessschritt des Formhärtens (auch Presshärten genannt) übergeben. Dabei werden die Platinen mit einem gekühlten Werkzeug umgeformt. Die Kräfte der eingesetzten hydraulischen Pressen liegen zwischen 8.000 und 16.000 kN. Für die Umwandlung zu einem martensitischen Gefüge ist eine Abkühlgeschwindigkeit von mindestens 27 K/s erforderlich. Nach der Umformung sind die Werkstücke noch zwischen 100 und 200°C warm. Diese direkte Prozesskette ist vor allem auch für die serienmäßige Fertigung im Automobilbau geeignet, da sie gut

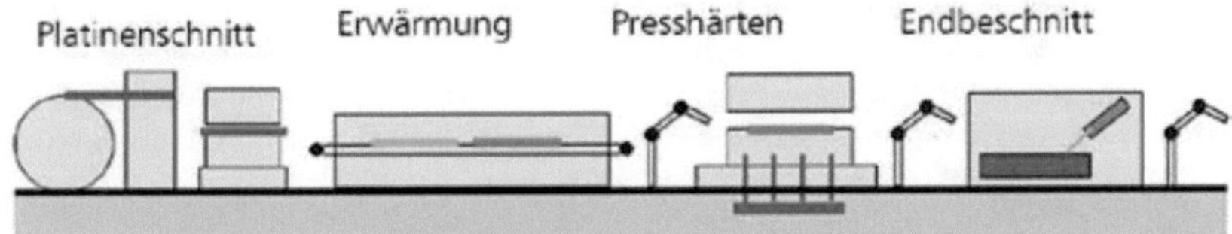

Abbildung 1: Schematische Darstellung einer direkten Prozesskette

automatisierbar ist. Der abschließende Prozessschritt besteht meist aus einer Laserbearbeitung oder mechanischem Schneiden und Stanzen.[1]

2.2. Das Werkzeug

Für das eigentliche Formhärten, bei dem die erwärmten Bleche von einem gekühlten Werkzeug umgeformt werden, ist es wichtig ein Kühlsystem zu installieren, das die geforderte Abkühlgeschwindigkeit mit einer genügend großen Prozesssicherheit garantiert. Das Fraunhofer-Institut entwickelte verschiedene Konzepte, damit das Werkzeug diesen Punkten gerecht wird. Bei einem dieser Konzepte bestehen die Matrize und der Stempel aus Sphäroguss (EN-GJS-700). Dabei sind die Kühlkanäle in der Matrize direkt eingegossen und im Stempel befinden sich eingegossene Edelstahlkanäle. Alle Kühlkanäle können einzeln angesteuert werden, um die Kühlung besser zu steuern und eine homogene Kühlung durch das Gegenstromprinzip zu gewährleisten.[2]

---

[1] Vgl. Albert u.a. 2013 S. 30-33; Vgl Kuhn; Aspacher 2013, o.S.
[2] Vgl. Albert u.a. 2013 S. 30-33

2.3. Verwendeter Werkstoff

Der am häufigsten verwendete Stahl ist, wie bereits oben erwähnt, ein kaltgewalzter manganborlegierter Vergütungsstahl. Wegen seiner guten Eigenschaften wird daher der Vergütungsstahl 22MnB5 (1.5528) beim Formhärten eingesetzt. Die Stahlsorte 22MnB5, 24MnB5 und 26MnB5 gehören in Anlehnung an die DIN EN 10083, Teil 3 zu den borlegierten Vergütungsstählen. Diese Güten zeichnen sich besonders durch ihre Umformbarkeit im warmgewalzten Zustand und ihre hohe Festigkeit nach der Wärmebehandlung aus. Die Festigkeitseigenschaften werden hierbei neben dem Kohlenstoff und Mangan besonders durch den geringen Anteil an Bor erreicht. Auf Grund seines Kohlenstoffgehaltes ist dieser Stahl zum Härten geeignet. Das Legierungselement Bor steigert die Härtbarkeit, da es die Umwandlung in weichere Gefügearten wie Ferrit, Perlit oder Bainit verzögert. Vor Beginn des Prozesses besitzt der Stahl ein ferritisch-perlitisches Gefüge mit einer Zugfestigkeit R_m von 500 bis 700 N/mm² und einer Bruchdehnung von ca. 10%. Nach dem Prozess hat der Werkstoff eine Bruchfestigkeit von 1000 bis 1900 N/mm² und eine Bruchdehnung von ca. 5%.[3]

2.4. Einsatz im Automobilbau

Formgehärtete Bauteile werden in vielen Komponenten des Autos eingesetzt. Die B-Säule eines Autos wird nahezu von allen Automobilherstellern mit diesem Verfahren hergestellt. Weitere Einsatzbereiche sind zudem sicherheitsrelevante und tragende Karosserieteile wie zum Beispiel Säulenverstärkungen, Seitenaufprallschutz sowie Längs- und Querträger. Außerdem Fahrwerkskomponenten wie Sitzstrukturen, Überrollbügel und Aufprallträger. In Abbildung 2 werden einige dieser Bauteile am Automobil rot dargestellt[4].

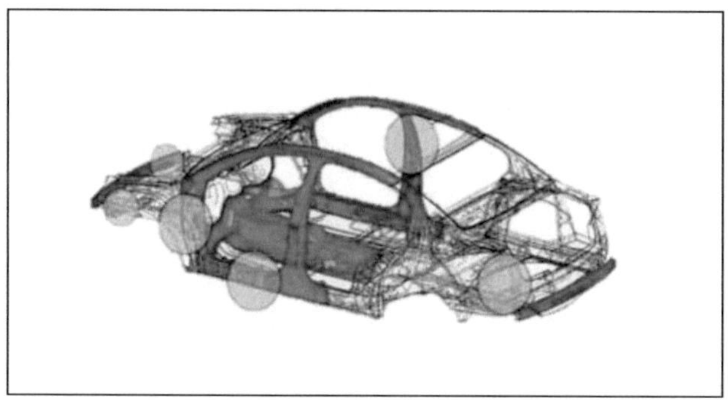

Abbildung 2: Anwendungsübersicht in einem Automobil

---

[3] Vgl. Kuhn 2007, o.S.; Vgl. Kämpfer 2014, o.S.; Vgl. Jüttner u.a. 2012, S. 69-72
[4] Vgl. Albert u.a. 2013, S. 30-33

Der zunehmende Trend zum Leichtbau in der Automobilindustrie zeigt sich auch in den Prognosen der Anlagenhersteller. So rechnet z. B. der Pressenhersteller Schuler mit einem steilen Anstieg beim Bedarf von formgehärteten Teilen (siehe Abbildung 3).[5]

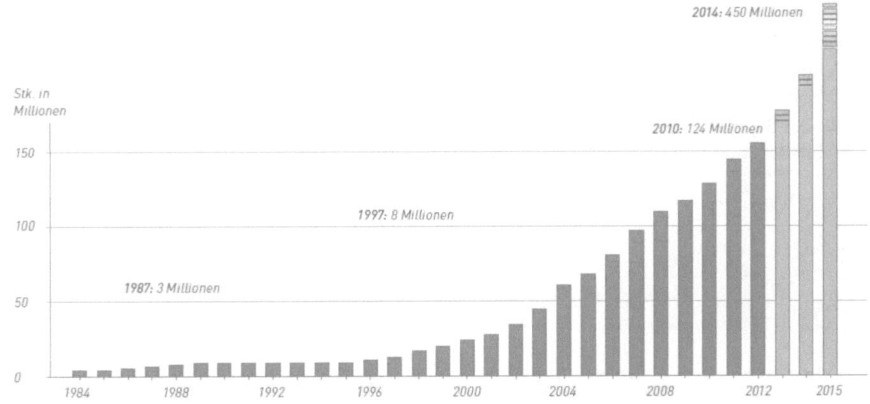

Abbildung 3: Geschätzter Bedarf an formgehärteten Teilen

2.5. Vorteile

Das Formhärten bietet im Vergleich zu der Kaltumformung von Blechen einige Vorteile. Durch die höheren Festigkeitswerte können Bauteile mit weniger Materialeinsatz bei gleichem oder besserem Festigkeitsverhalten realisiert werden, da durch die gesteigerte Festigkeit geringere Materialdicken nötig sind. Dies führt zu einem niedrigeren Gesamtgewicht im Karosseriebau. Zudem können Stähle verwendet werden, die günstiger als die kaltumgeformten hochfesten Stähle sind, was Kostenersparnis bringt. Des Weiteren können Kosten gespart werden, da bei der Warmumformung niedrigere Presskräfte nötig sind und sich somit der Energieeinsatz verringert. Ein technologischer Aspekt ist, dass bei formgehärteten Bauteilen nahezu keine Auffederung stattfindet. Folglich ist der Prozess besser beherrschbar und die Wiederholgenauigkeit steigt. Da beim Formhärten höhere Umformgrade möglich sind, ergeben sich außerdem neue Möglichkeiten im Bauteildesign. Der Vorteil dieses Verfahrens ist also, mit einem reduzierten Einsatz an Material und somit verringertem Gewicht die gleiche oder sogar eine höhere Festigkeit von Formblechteilen zu erreichen, als dies mit simplen Umformtechniken möglich wäre.[5]

---

[5] Vgl. Krust 2013, S. 4-9

2.6. Nachteile

Durch die Warmumformung ergeben sich auch Probleme, die zu lösen sind. Da die Bauteile nach der Warmumformung sehr hart sind, ist der Werkzeugverschleiß bei der Weiterverarbeitung groß und die Nutzung von mechanischen Schneidpressen fraglich. Oft werden deshalb 3D-Lasersysteme zum Zuschneiden der Bauteile genutzt. Außerdem arbeitet Schuler mit VW an einem Stanzschneidverfahren („Soft-Shock"), bei dem weniger Erschütterungen durch den Schneidprozess auftreten.

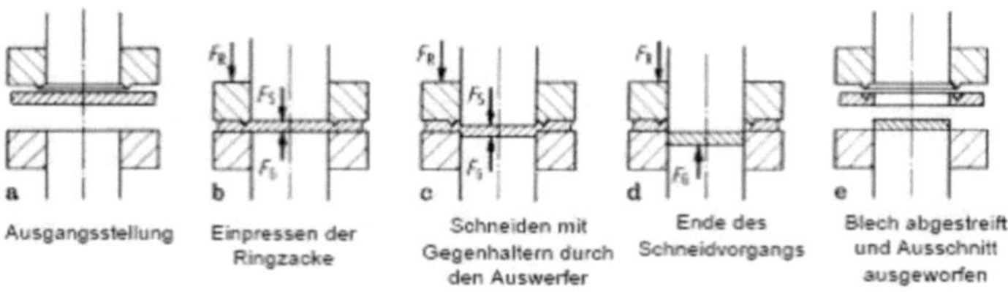

Abbildung 4: Stanzschneidverfahren

Ein großer Nachteil gegenüber der Kaltumformung von Blechen ist die lange Pressdauer von ca. 30 Sekunden. Dem kann dadurch begegnet werden, dass mehrere Bauteile pro Pressenhub umgeformt werden. Die auf Austenitisierungstemperatur erwärmten Platinen müssen innerhalb von 10-15 Sekunden vom Rollenherdofen in das Umformwerkzeug gelangen. Die erforderlichen Transfersysteme müssen also sehr dynamisch sein. Die bei der Warmumformung auftretenden Temperaturen führen meist zu Aufrauen und Verzunderung der Werkstückoberfläche. Dieses Problem verlangt nach neuen, hitzebeständigen Rostschutzbeschichtungen. Ein schwerwiegender Nachteil formgehärteter Bauteile ist die Veränderung ihrer Eigenschaften durch die Wärmewirkung bei der Weiterverarbeitung durch thermische Fügeverfahren. Durch den Wärmeeintrag beim MAG-, Laser- oder Widerstandspunktschweißen erfährt das Gefüge einen Anlasseffekt und entfestigt sich, was sich in erhöhter Duktilität, verringerter Härte und Zugfestigkeit bemerkbar macht. Um diesem Verhalten entgegenzuwirken, rät das Institut für Werkstoff- und Fügetechnik der Universität Magdeburg zu vergrößertem Nahtquerschnitt bzw. Nahtlängen und größeren Schweißpunktdurchmessern beim Widerstandspunktschweißen.[6]

---

[6] Vgl. Krust 2013, S. 10-16

2.7. Weiterentwicklungen

2.7.1. Gradierte Eigenschaften – „Tailored Tempering"

Unter gradierten Eigenschaften versteht man lokal unterschiedliche Festigkeitseigenschaften eines Bauteils. Im Automobilbau beispielsweise erhöhen B-Säulen mit unterschiedlichen Eigenschaften die Crashsicherheit, weil sie einerseits durch plastische Deformation in den Knotenbereichen kinetische Energie absorbieren und andererseits im mittleren Bereich ein Eindringen der Karosserie in den Fahrgastraum verhindern. Bisher werden diese Anforderungen durch Tailored Blanks erfüllt, jedoch ist eine zusätzliche, aufwendige Bearbeitung nötig. Beim Formhärten lassen sich diese unterschiedlichen Bauteileigenschaften durch die unterschiedliche Wärmebehandlung im Umformprozess realisieren. Eine Vorgehensweise beim Tailored Tempering ist die unterschiedlich starke Erwärmung der Platine in einem Induktionsofen vor dem Umformen (Kontaktwärmebehandlung, siehe Abbildung 5). Ziel eines anderen Ansatzes ist, die lokal unterschiedliche Martensitbildung beim Härtevorgang im Umformwerkzeug durch unterschiedliche Abkühlraten zu erreichen.[7]

Abbildung 5: Gradierte Bauteileigenschaften durch Kontaktwärmebehandlung[8]

---

[7] Vgl. Ploshikhin 2012, S. 4-28

[8] Vgl. FlexWB 2009, o.S

2.7.2. Pressure Controlled Hardening

Der Begriff Pressure Controlled Hardening ist ein Produktname der Schuler AG, der die Eigenschaften dieses Verfahrens auf den Punkt bringt. Durch den höheren Anpressdruck auf die Platine im gekühlten Umformwerkzeug kann ein höherer Wärmeübergangskoeffizient erreicht werden und somit steigt die Abkühlgeschwindigkeit des Bauteils. Der höhere Wärmetransfer hat also eine kürzere Abkühlzeit zur Folge und deshalb kann die Ausbringleistung gesteigert werden. Dies ist insbesondere im Bereich Automotive mit seinen hohen Stückzahlen interessant.

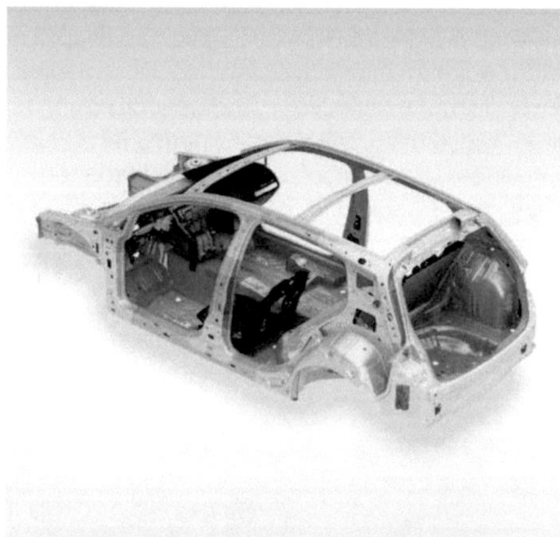

Abbildung 6: Das Auto der kommenden Generation

Vorteile des PCH-Verfahrens:

- Höhere Festigkeiten und zugleich geringeres Bauteilgewicht
- Große Steifigkeit der Karosserie
- Verbessertes Unfallverhalten
- Andere Möglichkeiten des Bauteildesigns
- Sehr gute Wiederholgenauigkeit
- Günstigeres Material als im Vergleich zu hochfesten Stählen
- Hohe Presskräfte nicht erforderlich[9]

---

[9] Vgl. Vgl. Krust 2013, S. 11-13

3. Das wichtigste in Kürze: Formhärten (Warmumformung) von Karosserieteilen

Formhärten kommt speziell im Automobilbau zur Anwendung und ist ein Verfahren der Warmumformung von Blechen. Dieses Produktionsverfahren wird in der Literatur auch als Presshärten bezeichnet. Bei diesem Verfahren wird ein Blech auf eine Temperatur von rund 950 °C erwärmt und während der Formgebung abgekühlt. Den Begriff bekommt dieses Verfahren aufgrund der Verfahrensweise, bei dem in einem Warmformwerkzeug (der Form) das herzustellende Bauteil gehärtet wird. Durch die höheren Festigkeitswerte können Bauteile mit weniger Materialeinsatz bei gleichem oder besserem Festigkeitsverhalten realisiert werden. Aufgrund der Zielsetzung, möglichst ressourcenschonend, kostengünstig und umweltfreundlich zu produzieren, bekam das Formhärten in den letzten Jahren immer mehr Bedeutung.

Abbildung 7: Formgehärteter Dachrahmen

Der Nachteil des Formhärtens besteht darin, dass es zu einem hohen Werkzeugverschleiß kommt und die Nutzung von mechanischen Schneidpressen sehr fraglich ist. Als Alternative werden sehr oft 3D-Lasersysteme verwendet um die Bauteile Maßgetreu zuzuschneiden. „Der Vorteil dieses Verfahrens ist es, mit einem reduzierten Einsatz an Material und somit verringertem Gewicht die gleiche beziehungsweise sogar eine höhere Festigkeit von Formblechteilen zu erreichen, als dies mit konventionellen Umformtechniken möglich wäre."[10]

---

[10] Kuhn, Dietmar: Formhärten als Trendthema des automobilen Leichtbaus. in: Maschinenmarkt, Nr. 14 (2013), S. 21

---

4. Zusammenfassung

Die zunehmenden Anforderungen an die Automobilindustrie führen zu neuen Wege in der Fertigungstechnologie, wie das anfangs unterschätzte Formhärten beweist.

Diese Anforderungen bestehen darin, leichtere und spritsparende Fahrzeuge zu fertigen. Allerdings sollten die Fahrzeuge dennoch crashsicher und somit auch robust sein. Hier ist es gelungen, durch Warmumformung signifikante Festigkeitssteigerungen im Bauteil zu generieren und dadurch zur Verringerung des Fahrzeuggewichtes bei gleichem oder sogar höherem Sicherheitsniveau beizutragen.

Abschließend lässt sich sagen, dass das Formhärten die genannten Anforderungen erfüllt und sich aus fertigungstechnischer Sicht sehr gut anwenden lässt. Dieses Verfahren wird bereits bei verschiedenen Automobilbauern serienmäßig eingesetzt.

5. Quellenverzeichnis

Bücher:

[Friedrich 3013] Friedrich, Horst E.: Leichtbau in der Fahrzeugtechnik, Springer Vieweg 2013.

[Jüttner u.a. 2012] Jüttner, Prof. Dr. Sven u.a.: Einsatz höchstfester Stähle und ihre Verarbeitung für die Anwendung im Automobilbau, 8. Aufl., Verlagshaus Monsenstein Münster 2012.

[Henning; Möller 2011] Henning,Frank; Möller, Elvira: Handbuch Leichtbau, Carl Hanser Verlag GmbH & Co KG 2011

Magazine:

[Albert u.a. 2013] Albert, André u.a.: Pressgehärtete Karosserieteile machen Autos leichter und sicherer, in: MaschinenMarkt, Nr. 3/4 (2013), S. 30-33

[Krust 2013] Krust, Mathias u.a.: Formhärten mit PCH - Schnell, Flexibel, Eff izient. in: Forming the Future, 2013.

[Kuhn 2013] Kuhn, Dietmar: Formhärten als Trendthema des automobilen Leichtbaus. in: Maschinenmarkt, Nr. 14 (2013), S. 21

[Ploshikhin 2012] Ploshikhin, Prof. Dr.-Ing. V.: „FlexWB-Passgenaue Bauteileigenschaften durch flexible Wärmebehandlung. in: Ergebnisse aus 31 Verbundprojekten des BMBF-Förderschwerpunkts,2012, S. 4-28

Internet:

[FlexWB 2009] Verbundprojekt FlexWB: Verbundprojekt Flexible Wärmebehandlung, 2009 http://www.forschungsprojekt-flexible-waermebehandlung.de/index.php, eingesehen am 24.05.2014

[Kämpfer 2014] Kämpfer, Siegfried: Leichtbau aus der Hitze, 2014 http://www.industrieanzeiger.de/home/-/article/12503/18603891/-/art_co_INSTANCE_0000/. eingesehen am 24 05 2014.

[Kuhn 2007] Kuhn, Dietmar: MaschinenMarkt: Form- und Presshärten für hochbelastbare Strukturteile, 2007. http://www.maschinenmarkt.vogel.de/themenkanaele/produktion/umformtechnik/maschinen/articles/59518/, eingesehen am 24.05.1014.

[Kuhn; Aspacher 2013] Kuhn, Dietmar; Aspacher, Jens: MaschinenMarkt: Warmumformung verbessert Crashverhalten von Karosserien, 2013 http://www.maschinenmarkt.vogel.de/themenkanaele/produktion/umformtechnik/articles/421360/, eingesehen am 24.05.2014.

6. Abbildungsverzeichnis